Ulrich Janßen • Ulla Steuernagel

Die Kinder-Uni

Warum speien Vulkane Feuer?

Ulrich Janßen • Ulla Steuernagel

Warum speien Vulkane Feuer?

Mit Illustrationen von
Klaus Ensikat

Deutsche Verlags-Anstalt
München

Vulkane können Tausende von Jahren still und friedlich schlafen. Aber sie können auch, wenn sie plötzlich erwachen, ganze Landstriche verwüsten.
Bei einem Vulkanausbruch drängen unvorstellbare Kräfte aus dem Erdinneren hervor, werden Glut und Asche kilometerweit in den Himmel geschleudert, ungeheure Rauchwolken hängen über dem Krater, und schwarz glühende Lava fließt in einem langen, alles verbrennenden und unter sich begrabenden Strom den Berg hinunter.
Wie Vulkane entstehen, warum es zu Vulkanausbrüchen kommt und was dabei passiert, erforschen Mineralogen und Vulkanologen. Ihre Arbeit kann lebensrettend sein. Wenn sie einen Vulkanausbruch vorhersagen, können sich die Menschen, die in der Nähe des Vulkans leben, in Sicherheit bringen. Dennoch kommen bei großen Vulkanausbrüchen immer wieder Menschen ums Leben und werden viele Häuser zerstört. Deshalb bleibt es so wichtig, Vulkane zu beobachten.

Alles was mit Feuer und Hitze zu tun hat, ist für Menschen aufregend. Schon kleine Kinder interessieren sich für Streichhölzer oder heiße Herdplatten, und viele Erwachsene können Stunden damit zubringen, einen Holzkohlegrill oder ein Lagerfeuer zu entfachen und anschließend andächtig zu verfolgen, wie die Flammen züngeln und das Holz verglüht.

Für die ersten Menschen war das Feuer nicht so gemütlich. Wenn ein Baum in Flammen aufging, weil der Blitz einschlug, bekamen sie Angst. Feuer war eine geheimnisvolle und göttliche Macht. In der griechischen Mythologie wird Prometheus sogar von den Göttern bestraft, weil er ihnen das Feuer geraubt und den Menschen gegeben hat.

Erst ziemlich spät lernten die Menschen, mit dem Feuer umzugehen, einen Kamin zu betreiben oder ein Hähnchen zu grillen. Das war einer der größten Fortschritte der Menschheit. Vielleicht kommt daher die Faszination, die das Feuer bis heute auf uns ausübt. Dass es den Menschen gelungen ist, eine so große

DEM INNERN GANZ NAH

Auf der kanarischen Insel Lanzarote, am Vulkan Timanfaya, fühlt man sich dem Erdinneren ganz nah. Der Boden ist überall ganz warm und an manchen Stellen so heiß, dass man dort über einem Erdloch Würstchen grillen kann.
Und schüttet man Wasser in ein solches Erdloch, kommt es mit einem lauten Zischen als Wasserdampffontäne sofort wieder emporgespritzt.

Macht wie das Feuer zu bändigen, können sie bis heute nicht so recht glauben. Es ist ihnen ein wenig unheimlich.

Ein ganzer Berg, der Feuer speit, ist natürlich das Aufregendste an Feuer, was es gibt. Bilder von einem Vulkanausbruch vergisst man nicht so schnell. Wer mit einem Flugzeug über einen Krater fliegt und unter sich einen See mit glühender, brodelnder Lava sieht, hat das Gefühl, ins Innere der Erde zu blicken. Wir wissen zwar, dass die Erde eine Kugel ist. Aber dass sie voller brodelnder Masse stecken könnte, daran denken wir nicht so gern.

Auch tief im Meer gibt es Vulkane, die Lava und schwarze Rauchwolken ausstoßen, obwohl es doch unter Wasser eigentlich kein Feuer geben dürfte. Und es gibt Inseln, die entstanden sind, weil Vulkane eines Tages aus dem Meer auftauchten.

So verschieden die Vulkane auch sein mögen, eines haben sie alle gemeinsam. Sie entstehen, weil eine heiße Masse aus dem Erdinneren nach oben drängt: Magma.

Was ist der Unterschied zwischen Magma und Lava?

Schon das Wort Magma klingt sehr geheimnisvoll. Es kommt aus der griechischen Sprache und bedeutet so viel wie Masse oder Brei. Geologen bezeichnen mit Magma das geschmolzene Gestein, das sich in der Erde befindet. Magma ist ein Wort, das man sich unbedingt merken sollte, wenn man etwas über Vulkane lernen will. Ohne Magma gäbe es nämlich überhaupt keine Vulkane. Magma steckt im Innern aller aktiven Vulkane und brodelt vor sich hin, bis es schließlich aus einem Vulkan herauskommt. Sobald das Magma an die Erdoberfläche dringt, bekommt es einen anderen Namen. Nun heißt es Lava, und was das ist, weiß jeder, der schon mal auf Lanzarote gewesen ist oder in einem Vulkanpark wie in der Eifel. Lava ist ein schwarzer und manchmal glühender Brei, der ganz starr wird, wenn er abkühlt.

Man könnte sagen, dass Lava so etwas ist wie die Spucke der Erde, die sich von unserer Spucke allerdings dadurch unterscheidet, dass sie glühend heiß ist. Wissenschaftler schauen sich die Lava genau an, denn mit ihrer Hilfe kann man verstehen, wie es im Innern der Erde aussieht. Außer der Lava kommen auch noch jede Menge Gase, Schlacke und Asche aus der Erde. Das wird natürlich auch alles untersucht. Aber was dabei herauskommt, muss man sich in der Kinder-Uni nicht merken. Das ist etwas für die Erwachsenen-Uni.

Kommt man von einem Vulkan aus in die Erde hinein?

Vulkane sind Stellen, an denen glutflüssiges geschmolzenes Gestein aus dem Erdinneren an die Oberfläche austritt. Wo ein Vulkan ist, gibt es also eine direkte Verbindung von der Oberfläche der Erde in ihr Inneres. Trotzdem kann man nicht mal eben durch einen Krater ins Erdinnere hineinspazieren. Vulkane sind massive Berge, die zum allergrößten Teil aus erkalteter, also steinharter Lava bestehen. Selbstverständlich gibt es in einem aktiven

PLUTONISMUS

Die vulkanischen Aktivitäten in der Erdkruste bezeichnet man auch mit dem Sammelbegriff Plutonismus. Der Name kommt von »Pluto«, dem griechischen Gott der Unterwelt. Entsprechend heißt »plutonisch«: aus der Tiefe kommend.

Vulkan auch Magma, aber sie ist in Gängen und Kammern verborgen. Man bräuchte also, um in einen Vulkan (und hinterher in die Erde) einzutauchen, nicht nur ein extrem hitzefestes U-Boot, sondern auch noch einen Super-Bohrer an dessen Spitze. Leider kann man so ein U-Boot heute noch nicht bauen, und es ist ungewiss, ob man es jemals kann. Aber wir können uns immerhin vorstellen, wie es wäre, mit einem solchen U-Boot in die Erde einzudringen.

Unser U-Boot würde an einem Vulkan mit einem frischen Lavasee starten. Lavaseen gibt es zum Beispiel auf Hawaii. Sie sehen fantastisch und ein bisschen unheimlich aus, ganz schwarz, mit rot glühenden, fast 1400 Grad heißen Stellen darin, und sie können bis zu 100 Meter tief werden. Auch wenn sie Seen genannt werden, kann man ein Bad in einem Lavasee wirklich nicht empfehlen. Selbst wer nur kurz die Zehenspitze hineinhielte, hätte hinterher keinen Zeh mehr. Auch Lavaseen kühlen allerdings ab. Dann werden sie steif und bekommen eine Kruste wie ein Pudding.

Unser Lavasee ist noch ziemlich flüssig, und wir tauchen mit dem U-Boot bis auf den Grund. Viel sehen können wir nicht, der See glüht rot vor unseren Bullaugen, bis wir an

seinen Grund kommen. Jetzt wird es Zeit, den Bohrer einzuschalten, um in das Innere des Vulkans zu gelangen. Wir stellen das Boot senkrecht, schalten den Bohrer ein und los geht's.

Wir sagten es schon, ein Vulkan besteht in seinem Inneren aus festem Gestein, nur der kleinste Teil ist geschmolzen. Das U-Boot bohrt sich durch dieses grauschwarze Gestein hindurch, bis es irgendwann auf etwas Flüssiges stößt, einen Schacht oder eine Kammer mit Magma. Solche Kammern sind Zeichen dafür, dass ein Vulkan noch aktiv ist und ausbrechen kann.

Das U-Boot dringt nun tiefer ein und verlässt den Bereich des eigentlichen Vulkans. Es gelangt in eine Zone, die wir die Erdkruste nennen. Sie umgibt die ganze Erdkugel wie die Schale ein Ei. Auf den Kontinenten ist diese Kruste zwischen 30 und 50 Kilometer dick, im Ozean ist sie viel dünner, etwa sieben Kilometer. Aber auch fünfzig Kilometer sind nicht gerade viel. Um 50 Kilometer zu überwinden, fährt man mit dem Auto nur eine halbe Stunde. Diese dünne Schicht muss alles halten, was auf der Erde steht: Wolkenkratzer, Kathedralen, große Fabriken und Kraftwerke und vor allem die großen Gebirge wie die Alpen oder die Rocky Mountains: Alles steht auf der Erdkruste.

Das heißt, an vielen Stellen der Erde liegt über der Erdkruste noch wie ein weicher Teppich eine weitere Schicht, das Erdreich. Hier können wir mit der Schaufel Löcher buddeln, hier leben Maulwürfe, Regenwürmer und Mäuse. Hier wächst der Rasen, auf dem man Fußball spielen kann. Und hier liegt auch der Dreck, den man danach in die Wohnung bringt.

Wir bohren uns weiter in die Tiefe. Die Erdkruste sieht grauschwarz aus, manchmal ein wenig rötlich, und sie besteht wie die

VULKANOLOGIE

Die Vulkanologie ist eine noch junge Wissenschaft. Erst zu Beginn des 20. Jahrhunderts, als im Jahre 1912 der Vulkan Katmai in Alaska ausbrach, begann man mit der Erforschung der Vulkane. Die eigentliche Geburtsstunde der Vulkanologie erfolgte dann im Jahre 1933, als sich Forscher erstmals auf einen aktiven Vulkan wagten und in unbequemer Schutzkleidung aus Zink den Stromboli in Italien bestiegen.

Alpen aus Granit und einem Material namens Gneis, ist also ziemlich stabil. In der Kruste liegen viele verschiedene Steine, für die sich Mineralogen, aber auch Ingenieure interessieren und die zum Beispiel Kupfer, Eisenerz oder Zink enthalten können. Man findet dort aber auch Mineralien, für die sich eher Prinzessinnen und Gangster interessieren wie Diamanten, Silber und Gold.

Was liegt unter der Erdkruste?

Je weiter wir in die Tiefe kommen, desto wärmer wird es. An ihrem unteren Ende kann die Erdkruste Temperaturen von 400 bis 900 Grad erreichen. Und doch ist es diese dünne Schale, die uns vom viel heißeren Innern der Erde trennt und die wir mit dem U-Boot jetzt verlassen, um auf dem Weg in die Mitte der Erde voranzukommen. Vor uns liegt eine lange Fahrt durch den so genannten Erdmantel. 2850 Kilometer müssen wir überwinden, das entspricht ungefähr der Entfernung von Frankfurt nach Ägypten. Durch die Bullaugen unseres U-Bootes sehen wir, dass ich die Umgebung völlig verändert hat. Statt durch grauschwarzen Granit fahren wir jetzt durch etwas Grünliches, etwas, das in geschmolzenem Zustand weicher ist als die Erdkruste. Olivin nennt sich der Stoff, aus dem vor allem der obere Erdmantel hauptsächlich besteht. Olivinknollen finden wir manchmal auch auf der Erdoberfläche, und zwar dort, wo es Vulkane gibt.

Im Erdmantel herrscht schon eine ordentliche Hitze. 1400 Grad kann man hier messen, und das ist viel heißer als ein Lagerfeuer. Auch in einem Lagerfeuer ist schon ganz schön was los. Es knistert, knackt und glüht, Rauch, Asche und Funkenteile steigen auf. Weil es im Erdinneren noch viel heißer ist, passiert auch hier jede Menge. Von unten steigen große Magma-Klumpen auf, brennen sich ihren Weg nach oben frei, zugleich versinken Teile, die nicht so heiß und deshalb schwerer sind.

Unser U-Boot muss sehr gut gepanzert sein, damit es den über 1400 Grad heißen Erdmantel durchqueren kann. Richtig gefährlich wird die Fahrt allerdings erst, wenn wir die nächste Erdschale erreichen, den »Äußeren Kern«. Wir merken es, weil der Erdmantel zäher wird und irgendwie flüssiger. Die Temperatur steigt jetzt auf extrem heiße 5000 Grad, und das U-Boot braucht keinen Bohrer mehr. Es kommt ein bisschen ins Schlingern, und wir sehen, dass wir durch eine Art Flüssigkeit tauchen. Wir haben den Äußeren Kern

erreicht, eine Zone, die aus flüssigem Metall besteht. Viele haben schon einmal Bilder aus einem Stahlwerk gesehen, wenn der frische Stahl aus dem Hochofen fließt. So ungefähr sieht es jetzt vor den Bullaugen aus.

2080 Kilometer taucht das U-Boot durch dieses flüssige Metall, bis es endlich an seinen Grund, an das Zentrum der Erdkugel gelangt, den »Inneren Kern«. Er besteht wie der äußere Kern aus Eisen und Nickel, doch ist der Innere Kern nicht mehr flüssig, sondern fest, ungeheuer fest, weil sich hier unten in 4,6 Milliarden Jahren die schwersten Teile der Erde zusammengedrängt haben. Der Innere Kern, in den wir uns mit unserem U-Boot hineinbohren, ist nichts als ein riesengroßer, run-

der, heißer und unvorstellbar schwerer Metallklumpen, der in der Erde steckt wie der Kern in einem Pfirsich. In unserer Phantasie können wir uns mit dem U-Boot auch in diesen Kern hineinbohren, 1390 Kilometer tief, bis wir im Mittelpunkt der Erde sind, in einer mächtigen Metallkugel.

ASTEROIDEN

Asteroiden sind kleine Planeten, auch Planetoiden genannt, die sich fast ausschließlich zwischen Mars und Jupiter um die Sonne bewegen. Die meisten haben einen Durchmesser von zehn bis hundert Kilometern; der größte bekannte Asteroid trägt den Namen Ceres und hat einen Durchmesser von 768 Kilometern. Alle Asteroiden haben vermutlich denselben Ursprung und entstanden durch die Zerstörung eines Mutterplaneten. Auch alle Planeten scheinen denselben Ursprung zu haben, weil sie in ihrem Inneren aus dem gleichen Material bestehen.

KONTINENTAL-VERSCHIEBUNG

Die Theorie der Kontinentalverschiebung, die von der Annahme ausgeht, dass die Kontinente wie Eisschollen im Wasser auf der heißen Materie des Erdmantels schwimmen, und damit auch die Lehre der Plattentektonik wurde von dem Physiker, Meteorologen und Polarforscher Alfred Wegener begründet. Wie viele andere Forscher auch hat Wegener keine Risiken gescheut, um sein Wissen zu erweitern. Gerade 50-jährig fand er 1930 beim Rückmarsch einer von ihm geleiteten Grönland-Expedition den Tod.

Unsere Erde hat ein Herz aus Metall, wer hätte das gedacht. Im Mittelpunkt der Erde, in 6370 Kilometer Tiefe, ist es absolut still und viel zu heiß. Trotz der Panzerung fangen wir allmählich an zu schwitzen. Wir fühlen uns wie Astronauten mitten im Universum, obwohl wir genau in die andere Richtung aufgebrochen sind. Das Komische ist: Es gibt eine direkte Verbindung vom Erdkern zum Weltraum. Einige der Asteroiden, die einsamen Brocken, die durch den Weltraum treiben, bestehen aus genau dem gleichen Material wie der Erdkern, aus Eisen und Nickel.

Warum ist die Erde so heiß?

Anders als Asteroiden, die leblos durch das Universum rasen, ist die Erde, jenseits ihres eisenharten Metallkerns, in ständiger Bewegung und schwitzt sogar. Die meisten Wissenschaftler glauben heute, dass alles Wasser, das es auf der Erde gibt, aus dem Innern kommt, vor vielen hundert Millionen Jahren an die Oberfläche gekommen ist und seither die Ozeane füllt. Auch die Luft, die wir atmen, kommt ursprünglich aus dem Erdinneren, sie ist allerdings durch die Wirkung der Sonne und der Pflanzen stark verändert worden.

Die Kraft für all ihre Aktivitäten bezieht die Erde aus radioaktiver Energie, die entsteht, weil in ihrem Innern ständig Atome zerfallen. Im Grunde ist die Erde ein riesiges Atomkraftwerk, das große Hitze produziert. Dass die Erde radioaktiv ist, kann man auch messen: Die Erdkruste enthält eine hohe natürliche Radioaktivität.

Der Reaktor sorgt für andauernde Hitze, die wiederum Materie zum Schmelzen bringt. Die geschmolzene Masse steigt auf und drückt von unten auf die Erdkruste. Auf der Oberfläche sorgt das für ziemlich viel Spannung. Die Kruste zerbricht immer wieder aufs Neue in einzelne Stücke, in gigantische Platten, die auf dem weicheren Untergrund des Erdmantels treiben. Die Platten reiben aneinander

und können dabei so zusammengequetscht werden, dass ganze Gebirge entstehen wie die Alpen oder der Himalaja. So was passiert allerdings nicht von heute auf morgen, es dauert unvorstellbar lange Zeit.

Das mit den Platten müssen wir uns noch etwas genauer ansehen, denn es ist wichtig, um zu verstehen, warum an bestimmten Stellen der Erde Vulkane aus dem Boden kommen. So verlässt das U-Boot den Inneren Kern der Erde und nimmt wieder Kurs auf die Erdoberfläche. Wir passieren den Äußeren Kern, den Erdmantel, die Erdkruste und schießen mitten im Ozean in einer Lavafontäne aus dem Erdinneren wieder hervor.

Warum ist mitten im Ozean ein Riss im Meeresboden?

Wir haben den Lavaausbruch im Ozean gut überstanden und kreuzen mit unserem U-Boot über dem Meeresgrund im Atlantik. Da entdecken wir, dass wir uns über einem mächtigen lang gestreckten Unterwassergebirge befinden. Über 2000 Meter, also fast so hoch wie der höchste Berg Deutschlands, erhebt es

DER MITTELATLANTISCHE RÜCKEN

Der Riss im Erdboden ist nichts anderes als ein lang gestreckter Vulkan. Lava dringt hier unaufhaltsam an die Oberfläche, 1200 Grad heiße, zuerst noch etwas glühende Lava, die sich im Wasser schnell abkühlt und verformt. So wie Blei, das an Silvester ins Wasser geworfen wird.

sich. Endlos zieht es sich über den Meeresboden hin, und wir sehen, dass es ziemlich zerklüftet und zerrissen ist. In einem Punkt allerdings ist es sehr einheitlich. Denn in der

DER MOND – EIN STÜCK ERDE

Die Plattentektonik ist schon lange in Betrieb. Seit ungefähr zwei Milliarden Jahren. Die Erde selbst gibt es aber noch länger. 4,6 Milliarden Jahre sind es, von denen man die frühen aber abhaken kann. In ihrer Kindheit war die Erde im Prinzip nur ein heißer flüssiger Metallklumpen, der um die Sonne raste. Erst allmählich kühlte sich die äußere Hülle ab, und es bildete sich eine Kruste (wie beim Pudding), die schweren Teile sanken zum Kern, leichte stiegen nach oben, und so formierten sich allmählich die verschiedenen Schichten des Erdinneren. Irgendwann muss es eine gigantische Kollision mit einem anderen umherfliegenden Klumpen gegeben haben, bei dem ein großes Stück Erde einfach absprang. Dieses Stück Erde gibt es noch heute. Es ist der Mond, unser Trabant, der, wie man heute weiß, aus dem gleichen Stoff wie die Erde besteht.

Mitte des Gebirges verläuft überall ein tiefer Graben, ein Riss. Wir tauchen hinab in diesen Graben, folgen ihm wie einem Gang, bis wir seinen Grund erreicht haben.

Mit unseren Scheinwerfern beleuchten wir den Boden. Wo ist der geheimnisvolle Riss? Leider kann man ihn nicht so genau sehen, er sieht nicht aus wie ein Briefkastenschlitz. Stattdessen liegt auf dem Boden des Grabens so etwas wie Schlacke, wir sehen schwarze

kissenförmige Gebilde. Aber genau hier ist die Öffnung in der Erde, der Riss, der sich durch alle Ozeane hinzieht. Jeden Tag dringt aus diesem Riss ein winziges Stück neuer Ozeanboden hervor, Nachschub für die riesigen Platten unter den Ozeanen. Es sind nur zwei bis zehn Zentimeter im Jahr, die von hier aus nach links und rechts drängen, und doch haben sie eine große Wirkung. Die Platten unter dem Meeresboden drücken nämlich auf die Platten unter den Kontinenten. Und wegen dieses Risses im Atlantik, dem so genannten Mittelatlantischen Rücken, treiben Afrika und Amerika im Verlauf eines Menschenalters um etwa 1,80 Meter auseinander.

Weshalb ist der Kontinent Gondwana zerbrochen?

Dass die Erdoberfläche aus riesigen Platten besteht, die langsam gegeneinander verschoben werden, haben Forscher schon vor 200 Jahren geahnt. Sicher ist man sich aber erst seit fünfzig Jahren. Die Wissenschaftler hatten herausgefunden, dass der Boden der Ozeane unterschiedlich magnetisiert ist. In langen Streifen ändern sich auf dem Meeresboden die magnetischen Pole. Die Forscher haben jahrelang gegrübelt, woran das liegen konnte, bis sie sich daran erinnerten, dass auf der Erde alle paar Millionen Jahre Südpol und Nordpol vertauscht werden. Plötzlich konnten sie sich die unterschiedlich gepolten

magnetischen Streifen erklären. Der Ozeanboden, meinten sie, ist nicht uralt, sondern er wird ständig neu hergestellt. Wie auf einem Förderband kommen die Platten aus dem Erdinneren heraus und nehmen die magnetische Polung an, die gerade herrscht. Ändern sich auf der Erde die Pole, ändern sich auch die magnetischen Verhältnisse im Meeresboden. Die Theorie der Plattentektonik war entdeckt, eine Revolution in der Wissenschaft.

So weiß man inzwischen, dass die Erde bis heute nicht fertig ist. Die kühle äußere Kruste bricht immer wieder auf, das heiße Innere fließt aus und verschiebt die Krustenteile. Im Verlauf vieler Millionen Jahre hat die Erde auf diese Weise immer wieder ihr Aussehen verändert. Riesengroße Superkontinente entstanden und zerbrachen wieder. Dem letzten Riesenkontinent haben die Wissenschaftler einen Namen gegeben: Gondwana. Er ist vor 200 Millionen Jahren zerbrochen, die Teile haben sich allmählich voneinander entfernt und heißen heute Afrika und Amerika. Damals gab es noch keine Menschen, die mit den Kontinenten auseinander treiben konnten, aber es gab schon Krokodile. Ob sie sich beim Abschied zugewinkt haben?

Leider oder zum Glück zerbrechen Kontinente aus menschlicher (und krokodilischer) Sicht sehr, sehr langsam. Man merkt nichts davon. So können wir auch nicht sehen, dass seit etlichen Millionen Jahren Afrika zerbricht. Ostafrika trennt sich von West- und Zentralafrika. Der Riss zieht sich von Norden durch das Rote Meer bis nach Äthiopien. Dort ist die Kruste schon löchrig, findet man die ersten Basaltbrocken, die aus dem Erdinneren nach außen gedrückt wurden. Irgendwann einmal wird der Suezkanal kein Kanal mehr sein, sondern ein Meer. Um die fünfzig Millionen Jahre wird das aber noch dauern.

Was passieren würde, wenn die Plattentektonik einmal stoppt, weil die Energie im Erdinneren aufgebraucht ist, weiß man nicht so genau. Nach 200 Millionen Jahren wären vermutlich alle Gebirge durch Wind und Wetter abgetragen. Die Erde wäre ein gleichmäßig ebenes Land, ungefähr wie Holland, würde allerdings komplett unter flachem Wasser liegen. Dass ein Planet seine Energie verlieren kann, zeigt der Mars. Dieser Planet ist erloschen, die Vulkane auf seiner Oberfläche rauchen nicht mehr. Zum Glück gibt es keinerlei Anzeichen, dass die Erde ihre Kraft verliert, jedenfalls nicht in den nächsten 500 Millionen Jahren.

VULKANE IM WELTRAUM

Auch auf anderen Planeten, wie etwa auf dem Mars oder auf der Venus, gibt es gigantische Vulkane, die von Raumsonden beobachtet werden. Die Vulkane auf dem Mars sind allerdings nicht mehr aktiv.

Was ist der Feuergürtel?

Wo die vergleichsweise dünnen ozeanischen Platten auf die vergleichsweise dicken kontinentalen Platten treffen, befinden sich die meisten Vulkane. Die dünnen ozeanischen Platten wollen die dicken kontinentalen wegdrücken, doch das schaffen sie nicht ganz. Sie schieben ein wenig, schrammen an der dicken Platte entlang und sinken dann zurück in den Erdmantel, wo sie hergekommen sind.

Für die Menschen, die zufälligerweise oberhalb dieses Plattenkampfes wohnen, hat das unangenehme Folgen. Es rumpelt ziemlich oft. In Kalifornien beispielsweise, das über so einer Rumpelzone liegt, müssen die Häuser besonders stabil gebaut sein, weil hier häufiger als anderswo die Erde bebt. Entlang der Plattengrenzen an der amerikanischen Westküste erstreckt sich darüber hinaus eine ganze Kette von Vulkanen. Sie ist Teil eines Feuergürtels, der um die ganze Erde reicht.

Die Vulkane in den Vulkangürteln werden von den Überresten der ozeanischen Platten

gefüttert. Wenn die Platten im Erdmantel versinken, fangen sie irgendwann in der Tiefe wieder an zu schmelzen. Weil heiße Materie leichter ist, drängen die versunkenen Teile nach ein paar Millionen Jahren wieder an die Erdoberfläche. Praktischerweise suchen sie sich den Weg des geringsten Widerstands und gehen dorthin, wo die Erdkruste schon etwas löchrig ist. Der Mount St. Helens im Nordwesten der USA ist so ein Vulkan. Er liegt in einer langen Reihe von Vulkanen parallel zu dem Graben, in dem die pazifische Platte versinkt.

Als der Mount St. Helens 1980 ausbrach, stieß er Lava aus, die schon einen langen abwechslungsreichen Weg hinter sich hatte. Aus einem ozeanischen Riss quoll sie vor vielen hundert Millionen Jahren aus der Erde, schob sich dann in vielen weiteren Millionen Jahren Zentimeter um Zentimeter Richtung Amerika, verabschiedete sich schließlich vor dem Kontinent erneut in die Tiefe, sank bis fast an den Äußeren Kern der Erde, um schließlich wieder aufzusteigen.

Der Mount St. Helens ist ein sehr explosiver Vulkan. Mit viel Rauch und Feuer schoss hier die Lava heraus, sprengte einen großen Teil des Berges einfach weg. Andere Vulkane wie der Ätna sind eher gemütlich. Die Lava fließt hier in einem stetigen, aber langsamen Strom aus dem Vulkan heraus. Meistens jedenfalls. Beim jüngsten Ausbruch im Jahr 2002 erlebten die Vulkanologen eine Überraschung. Der gemütliche Ätna fing ordentlich an zu fauchen und stieß riesige Staubmengen aus.

VORSICHT, VULKAN!

Weil Vulkane so gefährlich sind, sollte man sich nicht lange in ihrer Nähe aufhalten. Trotzdem wohnen viele Menschen an den Hängen von Vulkanen, weil man dort gut Landwirtschaft betreiben kann. Vulkanasche ist wegen ihrer vielen Mineralien sehr fruchtbar und kann Feuchtigkeit gut speichern.

Warum sind manche Vulkane explosiv und andere sanft?

Die Sache mit dem Blubb macht den Unterschied zwischen den Vulkanen aus. Bei explosiven Vulkanen wie dem Mount St. Helens oder dem Pinatubo auf den Philippinen, der 1991 explodierte, ist das Magma zäh wie Honig, und das ist gefährlicher, als wenn es flüssig wäre. Man kann sich das so vorstellen: Wenn man in Honig hineinbläst, gibt es, weil

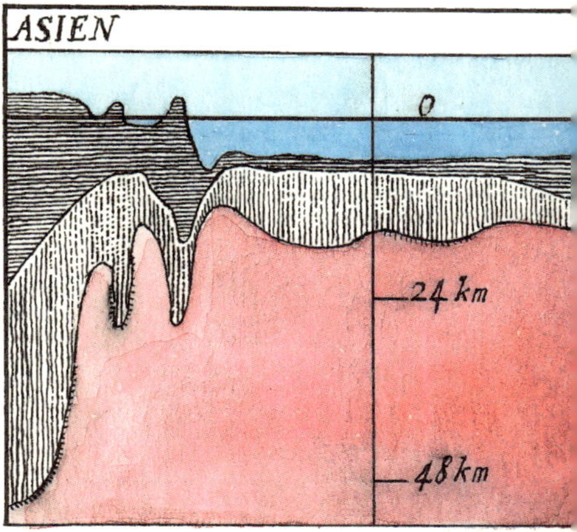

der Honig so zäh ist, Blasen, die größer und größer werden, bis sie schließlich mit einem großen Blubb zerplatzen. Auch im Magma stecken Blasen, Gasblasen, die beim Schmelzen entstehen und immer größer werden. Weil das Gas unter der Erde nicht einfach wegwehen kann wie Rauch bei einem Feuer, steigt es mit dem Magma durch die vielen Kammern und Schächte nach oben, bis der Weg endlich frei ist. Es macht Blubb, und das Magma wird mit dem Gas aus der Vulkanöffnung herausge-

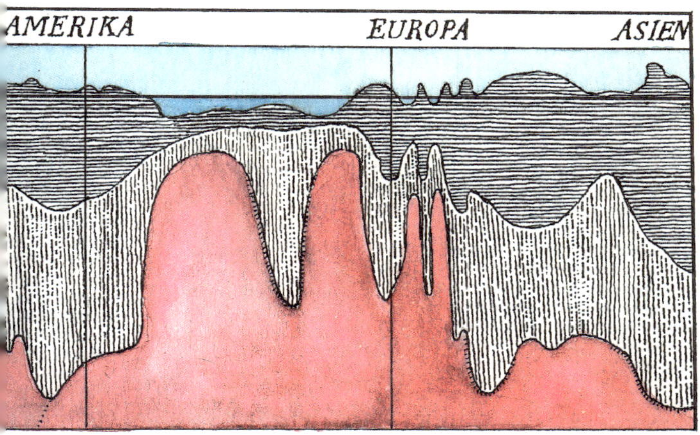

schleudert. Manchmal verstopft das zähe Magma einen Schlot. Von unten drängt dann weiteres Magma nach, staut sich und drückt gegen den Pfropf, bis er platzt.

AKTIV ODER ERLOSCHEN?

Der Timanfaya gilt bis heute als aktiv. Zehntausend Jahre muss ein Vulkan dicht halten, ehe Mineralogen und Vulkanologen ihn für erloschen erklären. Zehntausend Jahre sind für unsere Verhältnisse eine lange Zeit. Vor zehntausend Jahren gab es zwar schon ziemlich intelligente Menschen, aber noch keine Aufzeichnungen oder Ähnliches.
Alle Vulkanausbrüche, über die Menschen jemals berichtet haben, können sich deshalb jederzeit wiederholen.

Bei zahmeren Vulkanen macht es nicht Blubb. Hier ist das Magma ziemlich flüssig und lässt keinen großen Gasdruck zu. Das Magma kann gemütlich aus dem Erdinneren aufsteigen und aus dem Krater hinausfließen – wie beim Ätna, der vor etwa 600 000 Jahren entstanden und Europas größter Vulkan ist.

Seit mehreren Jahrhunderten ist er pausenlos aktiv und spuckt glühende Lava aus, die in einem ruhigen Strom den Berg hinabfließt. Manchmal erlaubt sich zwar auch der Ätna einen kleinen Ausbruch, wenn der Lavanachschub zu stark wird oder die Lava sich im Berg einen neuen Weg sucht. Aber das kommt nicht so häufig vor.

Der Mount St. Helens gehört wie der Pinatubo zum Feuergürtel, dem Ring von Vulkanen, der um die ganze Erde reicht. 85 Prozent aller Vulkanausbrüche haben sich innerhalb dieses Feuerrings ereignet. Wenn man alle Vulkanausbrüche und Erdbeben der letzten vierzig Jahre auf einer Karte notiert, kann man ziemlich genau erkennen, wo die ozeanischen Platten entstehen und wo sie gegen die dickeren Platten der Kontinente drücken. Überall dort, wo Platten aufeinander treffen, ist vulkan- und erdbebenmäßig etwas los, auch da, wo zwei kontinentale Platten sich aneinander reiben. So treffen sich unter dem Ätna zwei kontinentale Platten, die afrikanische und die europäisch-asiatische. Prompt tun sich zwischen den Platten Fugen auf, in die Magma hineindrängt.

Außer den Vulkanen des Feuerrings gibt es auf der Welt noch ein paar Einzelgänger. Sie stehen mitten auf einer der großen Erdplatten und spucken trotzdem Feuer und Lava. Die Wissenschaftler vermuten, dass unter solchen Vulkanen eine besonders heiße Stelle im Erdmantel liegt. Durch die Hitze schmilzt so viel Gestein und verwandelt sich in Magma, dass

IM SCHATTEN DES VESUVS

Einer der berühmtesten Vulkan-ausbrüche ereignete sich vor knapp 2000 Jahren, am 24. August des Jahres 79. Beim Ausbruch des Vesuv wurde eine ganze Stadt verschüttet: Pompeji. 20 000 Einwohner hatte die römische Stadt. Sie lebten in luxuriösen Häusern mit wunderschönen Fresken an den Wänden, sie verfügten über eine Wasser- und Abwasserversorgung und gingen auf gepflasterten Gehwegen zum Bäcker oder Metzger, in Gastwirtschaften, den Tempel oder ins Amphitheater. Doch in wenigen Tagen wurde alles ausgelöscht.

es die 30 Kilometer dicke Erdkruste einfach sprengt. Die Kanarischen Inseln sind auf diese Weise entstanden. Es wird vermutet, dass sich unter den Inseln eine heiße Stelle im Erdmantel befindet, die immer wieder Magma-Massen nach oben schickt.

Weil die heiße Stelle an einem festen Ort im Erdmantel liegt, über den die ozeanische Platte langsam hinübertreibt, müsste das Magma eigentlich immer neue Löcher in die Kruste bohren. Tatsächlich scheint es genauso zu sein. An den Kanarischen Inseln, die allesamt aus Vulkanausbrüchen entstanden sind, ist das gut zu sehen. Lanzarote und Fuerteventura sind, wie die Gesteinsforscher herausgefunden haben, die ältesten Inseln der Kanarengruppe, sie haben sich im Lauf von Millionen Jahren langsam von der heißen Stelle weg und in Richtung Afrika bewegt, die jüngsten Inseln, Hierro und La Palma, stecken dagegen noch weit im Atlantik und sind viel näher dran an dem heißen Fleck.

Die größere Entfernung von der heißen Stelle bedeutet übrigens nicht, dass die Inseln sicher sind vor Vulkanexplosionen. Ganz im Gegenteil. Auf Lanzarote, der ältesten Insel, kam es im Jahr 1730 sogar zu einem besonders großen und verheerenden Vulkanausbruch, bis heute sind Teile der Insel mit erstarrter Lava bedeckt. Als Grund dafür vermuten die Wissenschaftler, dass sich im Inselvulkan Timanfaya noch jede Menge Magma befand.

Was waren die größten Vulkanexplosionen?

Die Explosion des Mount St. Helens im Jahre 1980 war einer der größten Ausbrüche des vergangenen Jahrhunderts. Allerdings richtete er keine besonderen Schäden an, außer am Vulkan selbst, bei dem ein ganzer Hang zu Bruch ging.

Leider verlaufen nicht alle Vulkanexplosionen so glimpflich für die Menschen wie die des Mount St. Helens. Vulkane können ungeheure Verwüstungen anrichten. Über 260 000 Menschen sind in den letzten 300 Jahren bei Vulkanausbrüchen ums Leben gekommen, das sind weit mehr Menschen, als eine Stadt wie Freiburg Einwoh-ner hat. Als im Jahr 1985 der Nevado del Ruiz in Kolumbien ausbrach, starben allein 25 000 Menschen. Über 5000 Häuser wurden zerstört, zwei Krankenhäuser, 58 Fabriken und 3000 Hektar Ackerland.

Viel weniger Menschen fielen der Explosion des Pinatubo auf den Philippinen zum

DER UNTERGANG VON POMPEJI

Als der Vesuv ausbrach, begrub er alles Leben in Pompeji unter einem Ascheregen. Nach vier Tagen war die Stadt unter meterhohen Aschebergen verschüttet. Kaum einer der Bewohner konnte sich retten, sie erstickten unter der heißen Asche des Vulkans. Im Verlaufe syste-matischer Ausgrabungen, die im Jahre 1860 begannen, fand man dort, wo die Menschen gestorben waren, Hohlräume in der Erde. Archäologen gossen die Räume mit Gips aus, weshalb die Menschen, die beim großen Ausbruch des Vesuv umkamen, heute wieder zu erkennen sind.

Opfer. Hier konnten Vulkanologen den Ausbruch glücklicherweise vorhersagen und die Bevölkerung warnen. Erst wollten die Menschen den Wissenschaftlern nicht glauben, weil sich der Vulkan viele, viele Jahre überhaupt nicht gerührt hatte. Manche hatten völlig vergessen, dass der Pinatubo überhaupt ein Vulkan ist, so ruhig hatte er sich verhalten. Wegen einiger kleiner Erdbeben waren die Wissenschaftler aber aufmerksam auf den Pinatubo geworden. Sie betrachteten besonders aufmerksam ihre Messgeräte und stellten fest, dass die heißen Quellen am Pinatubo heißer wurden. Auch stellten sie fest, dass im Grundwasser plötzlich vermehrt Schwefeldioxid auftauchte, ein Gas, das frei wird, wenn heiße Magma aufsteigt. Irgendwann stiegen Dampfwolken aus dem Vulkan bis in acht Kilometer Höhe auf. Anfang Juni 1991 waren die Forscher sicher, dass der Vulkan über kurz oder lang ausbrechen würde. Sie schlugen Alarm.

Den Experten gelang es, die Anwohner und die Behörden von der Gefahr zu überzeugen. 60 000 Menschen wurden evakuiert. Mit ein paar Habseligkeiten verließen sie ihre Häuser und zogen aus der Umgebung des Vulkans weg. Das war nicht einfach, schließlich wussten sie nicht, ob sie ihre Häuser jemals wieder betreten könnten. Tatsächlich brach der Pinatubo am 15. Juni aus, und es war der größte Vulkanausbruch in der zweiten Hälfte des 20. Jahrhunderts. Über 70 000 Häuser wurden von der Lava ganz oder teilweise zerstört, viele Felder wurden bedeckt, die aufgestiegene Asche verdunkelte die Sonne und sorgte weltweit für niedrige Temperaturen. Aber die meisten Menschen konnten gerettet werden. Das zeigt, wie wichtig es ist, Vulkane zu beobachten. Leider ist es mit den Vulkanausbrüchen so wie mit den Erdbeben. Auch die besten Wissenschaftler können sie nicht zuverlässig voraussagen.

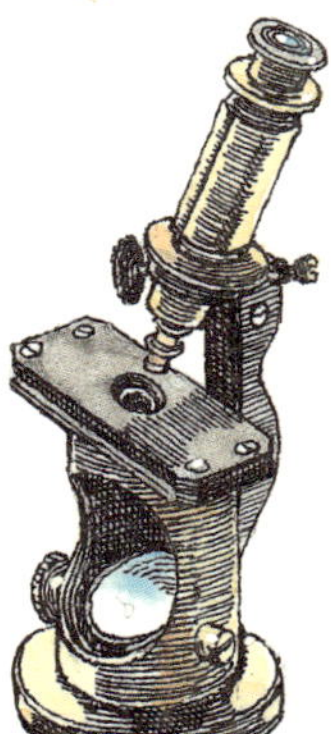

Der Mineraloge

Wissenschaftler, die sich mit Vulkanen beschäftigen, heißen Vulkanologen. Mineralogen nennt man Forscher, die sich für die Gesteine und Mineralien in der gesamten Erde interessieren. Professor Gregor Markl, der uns bei diesem Kapitel wissenschaftlich beraten hat, lehrt Mineralogie in Tübingen.

Wie es sich gehört, war es ein Vulkan, der Gregor Markl zur Mineralogie brachte. Als

»VORSICHT, HEISS!«

Manchmal wird das Wissenschaftlerleben sogar richtig gefährlich. Professor Keller, ein Lehrer von Gregor Markl, untersuchte einmal einen Vulkan in Tansania. Er war allein mit einem Studenten unterwegs, die beiden zelteten auf dem Grund des Kraters. Eines Tages war der Student für einen Moment unaufmerksam und trat mit seinem Turnschuh in 500 Grad heiße Lava. Der Turnschuh war sofort geschmolzen, und der Student trug schwere Verbrennungen davon. Gestützt auf den Professor, musste er aus dem Vulkan herausklettern und schließlich mit nur einem Bein 2000 Meter den Berg hinabsteigen.

kleines Kind machte er von seinem Heimatort Konstanz aus mit den Eltern einen Ausflug in den Hohentwiel. Der Hohentwiel ist ein Bergkegel mit einer Burg obendrauf und war früher einmal ein Vulkan. Der kleine Gregor fand dort ein Stück Lavagestein und war sofort begeistert. Der Lavastein aus dem Hohentwiel

war der Beginn seiner Steinsammlung, die heute fast 6000 Steine umfasst. Wann immer er Zeit hatte, zog Gregor mit einer Hacke in die Gruben der Umgebung, um neue aufregende Steine zu finden. Über seine Entdeckungen schrieb er schon als Schüler Aufsätze in Sammlerzeitungen. Die Eltern haben seine wissenschaftlichen Interessen von Anfang an unterstützt, obwohl sie mit Steinen nicht viel am Hut hatten. Die Mutter ist Biologielehrerin, der Vater ein bedeutender Zoologe. Weil der Vater an der Universität war, hatte der Sohn nie besonders viel Respekt vor der großen Hochschule. »Ich bin von Kindesbeinen

an in dieses Unileben reingewachsen, das hat es mir später nach der Promotion sehr erleichtert.«

Gregor Markl ist nicht so, wie sich viele Leute einen typischen Professor vorstellen. Er trägt Jeans und T-Shirts wie seine Studenten, hat meistens gute Laune und spricht völlig normal. Nur vergesslich ist er schon wie ein richtiger Professor. »Ich kann mir nichts merken«, meint er und grinst dabei. So schlimm kann es aber nicht sein, schließlich hat er es schon mit 28 Jahren zum Professor gebracht und war damals der jüngste in Deutschland.

Von seiner Wissenschaft ist er bis heute begeistert und kann stundenlang darüber erzählen, wie viel Spaß die Arbeit mit Steinen macht. Als Mineraloge untersucht Markl die komplizierten Vorgänge in der Erde. Dazu schaut er sich Steine aus der Erdkruste an und analysiert sie mit raffinierten Methoden. Steineangucken ist für viele Leute langweilig, aber nicht für Gregor Markl. Er findet, dass die Mineralogie ungeheuer abwechslungsreich und nützlich ist. »Meine Wissenschaft hilft dabei, die Erde zu verstehen.« Heute entwickeln Mineralogen neue Materialien, suchen nach Methoden, um Schadstoffe wie Quecksilber und Blei aufzuhalten. Sie untersuchen kostbare Edelsteine und kundschaften aus, wo man Rohstoffe in der Erde findet. Und sie erforschen die Vulkane.

Mineralogen kommen viel herum in der Welt. Auf der Suche nach interessanten Steinen machen sie viele Expeditionen und können ein ziemlich abenteuerliches Leben führen. Sie reisen in die Antarktis, nach Grönland oder auf die Lofoten.

Die meiste Zeit verbringen sie jedoch im Labor. Mit hochmodernen Apparaten schneiden die Mineralogen ihre Steine in hauchdünne Scheiben und betrachten sie dann unter dem Elektronenmikroskop. Oder sie erzeugen im Labor hohe Temperaturen und sehr viel Druck, um zu sehen, wie sich die Steine verändern. Steine sind nämlich gar nicht so fest, wie sie aussehen. Schließlich bestand die Erde zu Beginn im Prinzip nur aus einem einzigen Material, das sich im Laufe von 4,6 Milliarden Jahren in unendlich viele Formen und Gesteine veränderte. Jeder Stein hat also eine sehr lange Geschichte und viel zu erzählen.

Ulla Steuernagel, geboren 1954, und **Ulrich Janßen,** geboren 1959, sind Redakteure beim »Schwäbischen Tagblatt« in Tübingen und Erfinder der Kinder-Uni. »Die Kinder-Uni« wurde ausgezeichnet mit dem Corine Buchpreis 2004, als eines der »schönsten deutschen Bücher 2003«, als »Wissenschaftsbuch des Jahres 2003«, war »Buch des

Monats« und zählt zu den »besten Büchern für junge Leser«. Im Jahr 2005 wurde die Kinder-Uni mit dem Descartes-Preis ausgezeichnet, der wichtigsten Auszeichnung für wissenschaftliche Projekte, die die Europäische Union zu vergeben hat. Mittlerweile ist »Die Kinder-Uni« in 15 Sprachen übersetzt, zweimal sogar ins Chinesische.

Klaus Ensikat, geboren 1937, gilt als »ungekrönter König der Buchillustratoren«. Von 1995 bis 2002 unterrichtete er an der Fachhochschule für Gestaltung in Hamburg. Er hat der »Kinder-Uni« ihr unverwechselbares Gesicht gegeben.